CAHIER D'ÉCRITURE

Ce Livre Appartient à:

____

____

TRACER LE NUMÉRO

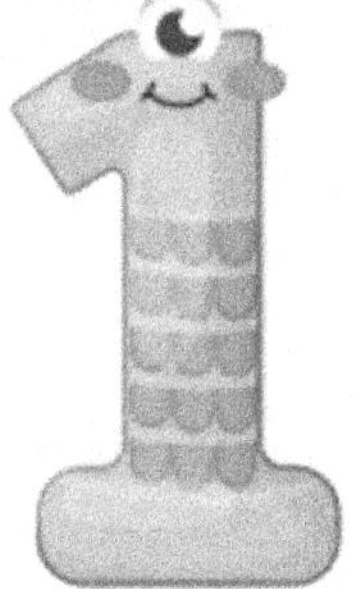

UN

TRACER LE NUMÉRO

DEUX

TRACER LE NUMÉRO

3 TROIS

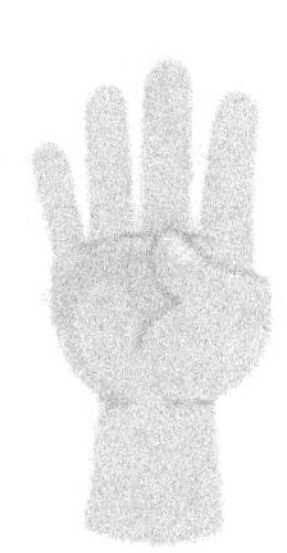 # QUATRE 

TRACER LE NUMÉRO

 QUATRE

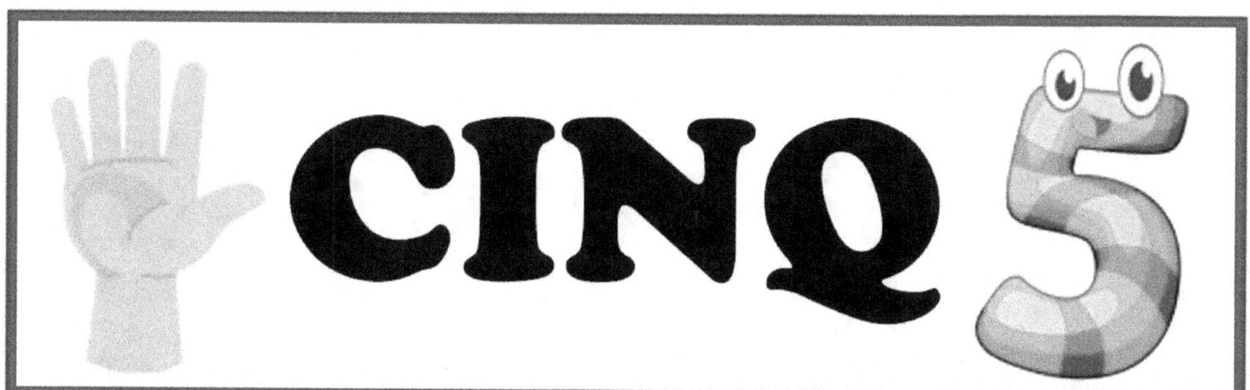

TRACER LE NUMÉRO

CINQ

TRACER LE NUMÉRO

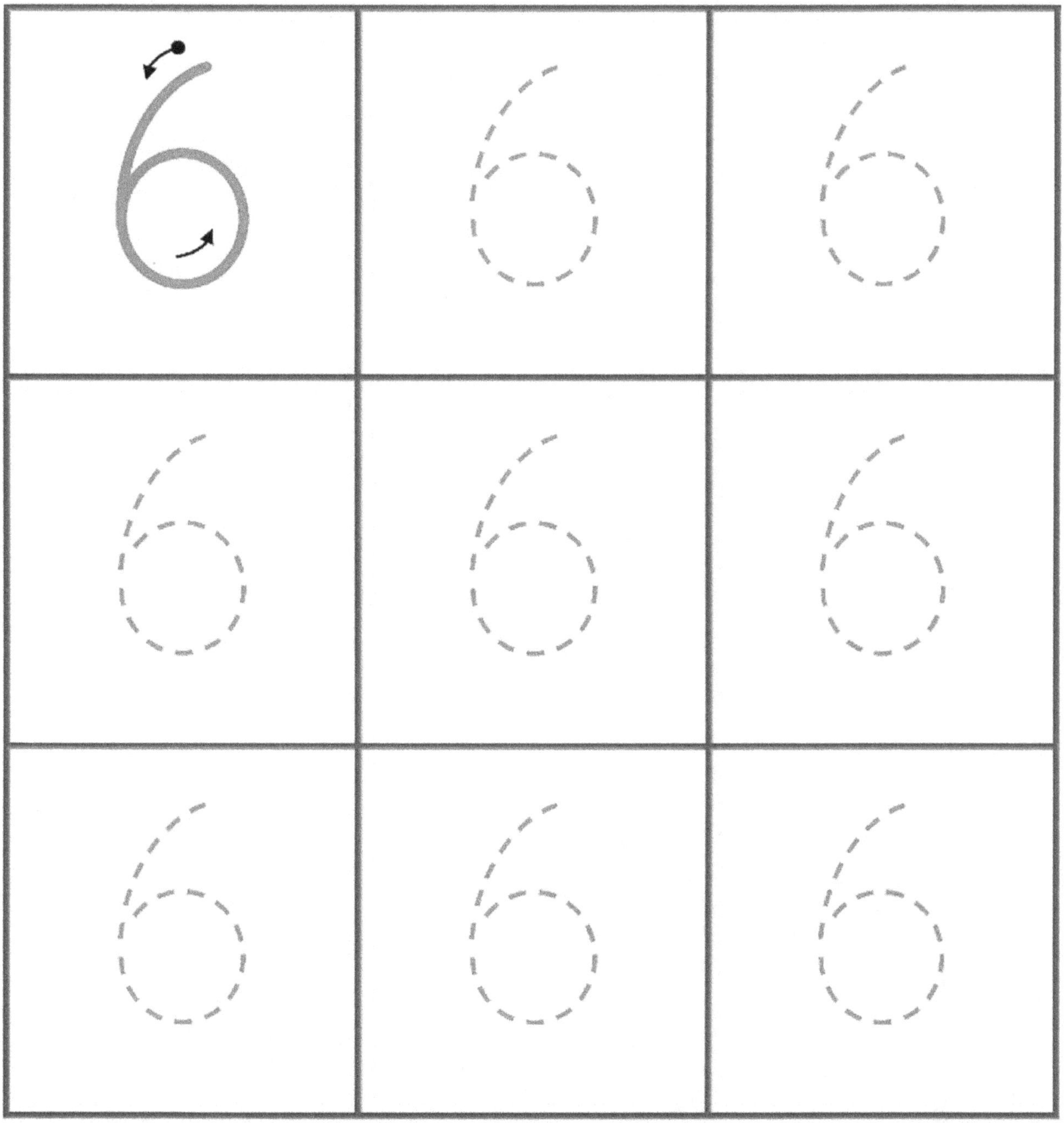

SIX

SEPT

TRACER LE NUMÉRO

SEPT

HUIT

TRACER LE NUMÉRO

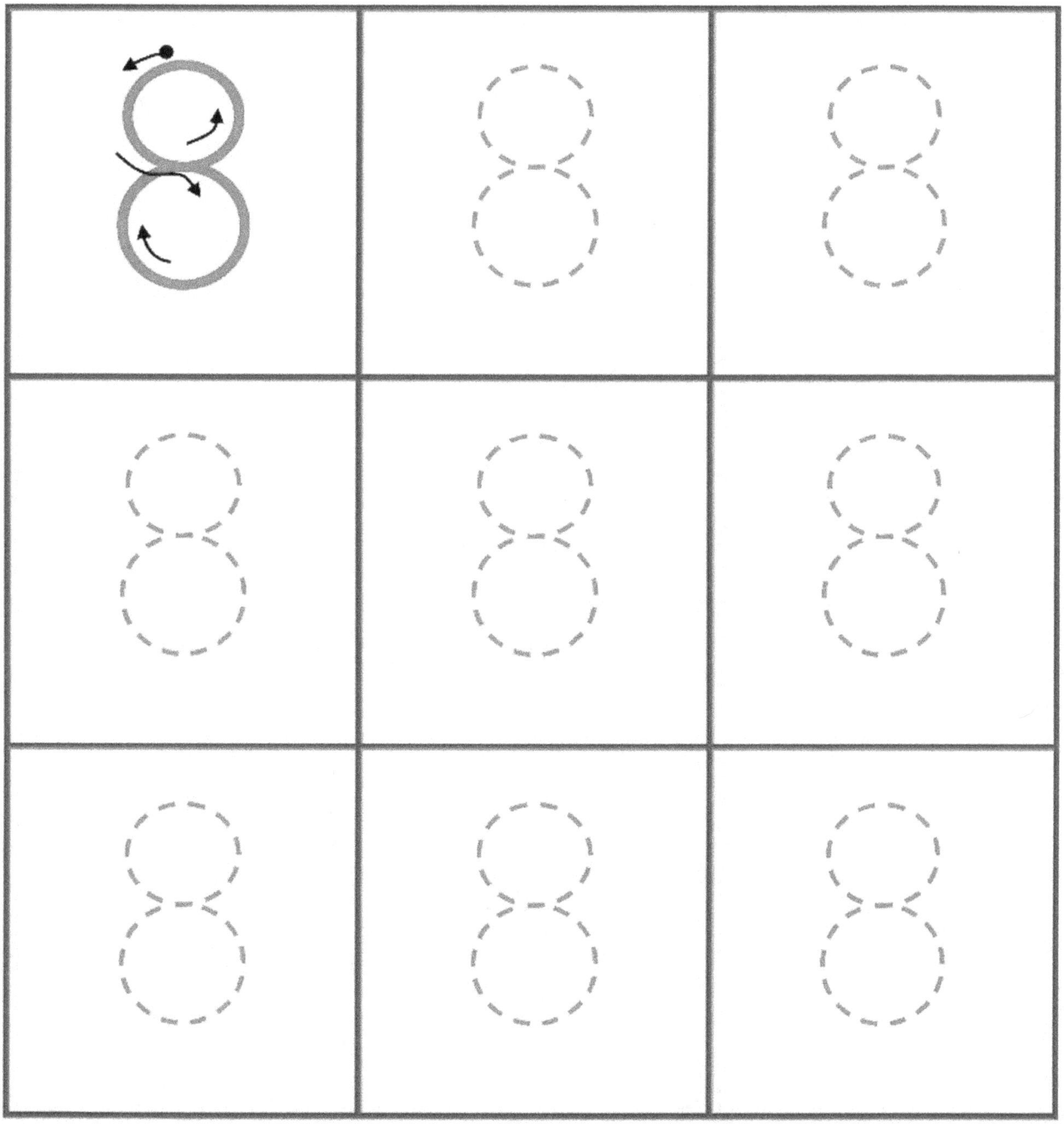

HUIT

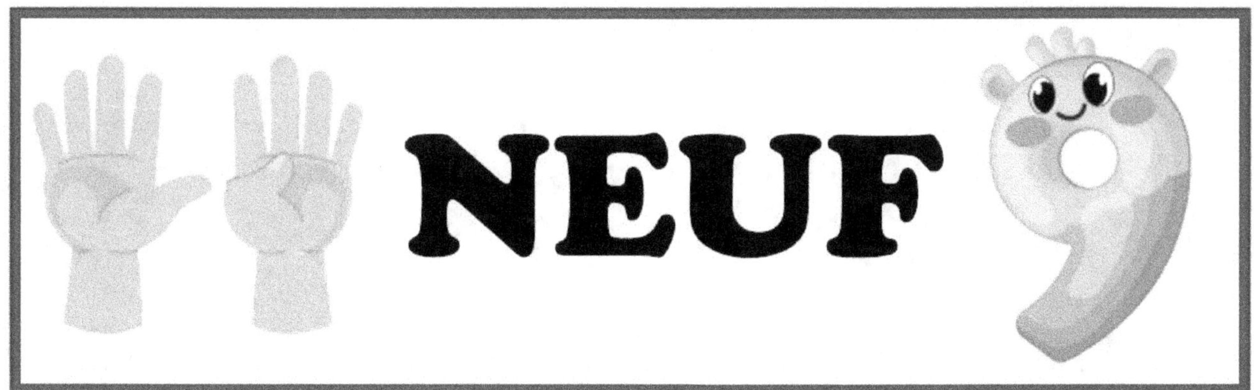

TRACER LE NUMÉRO

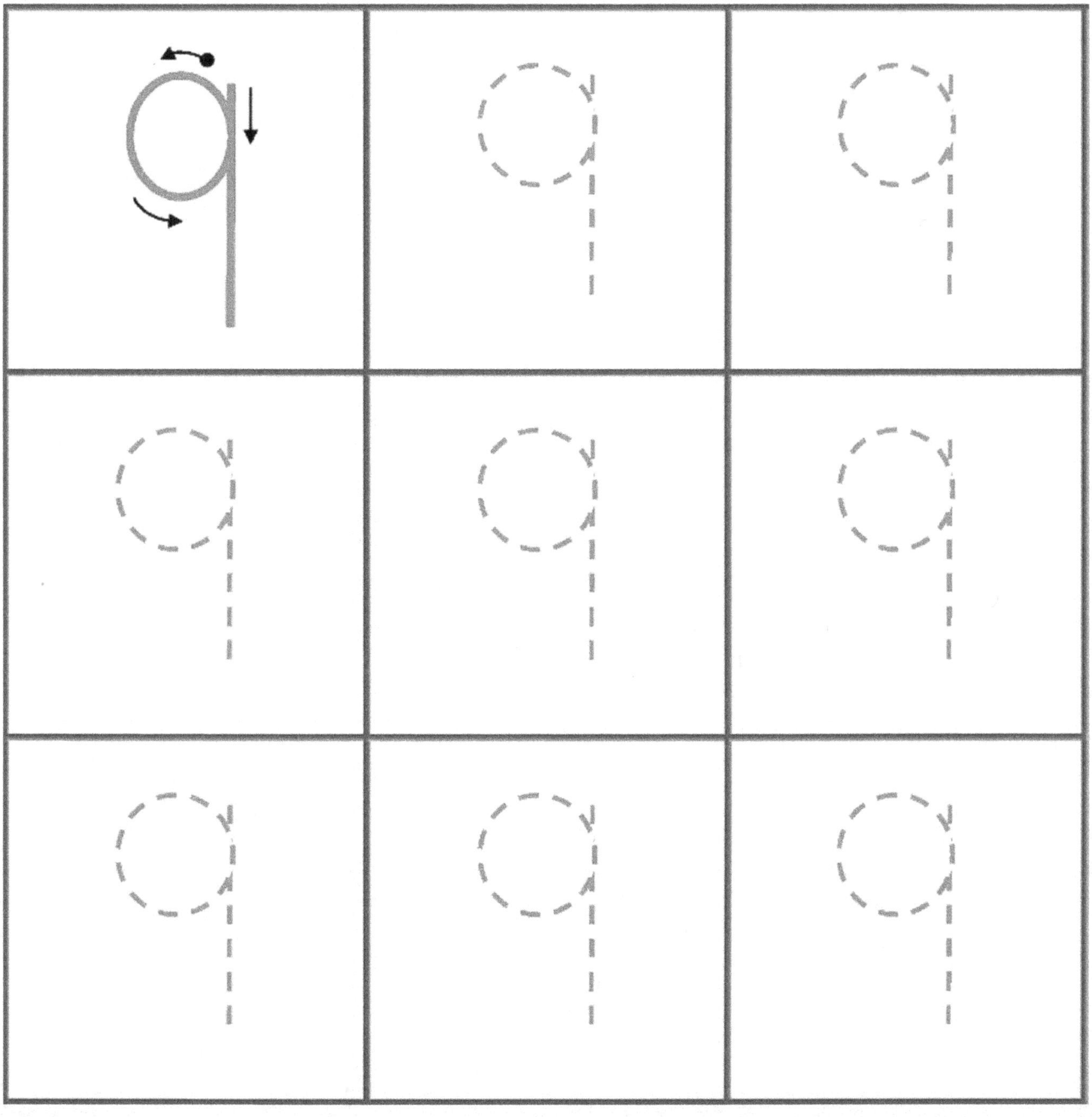

NEUF

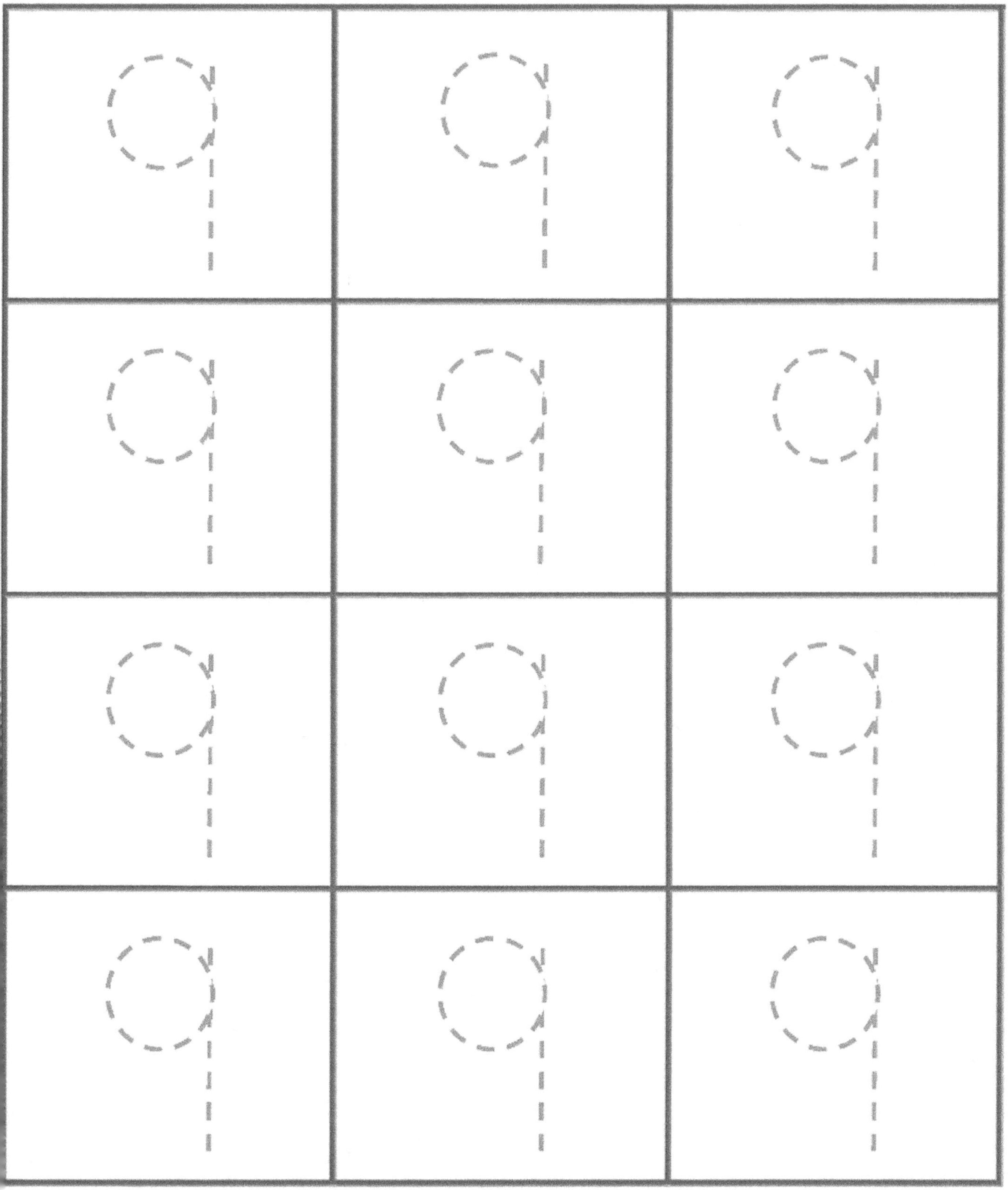

TRACER LE NUMÉRO

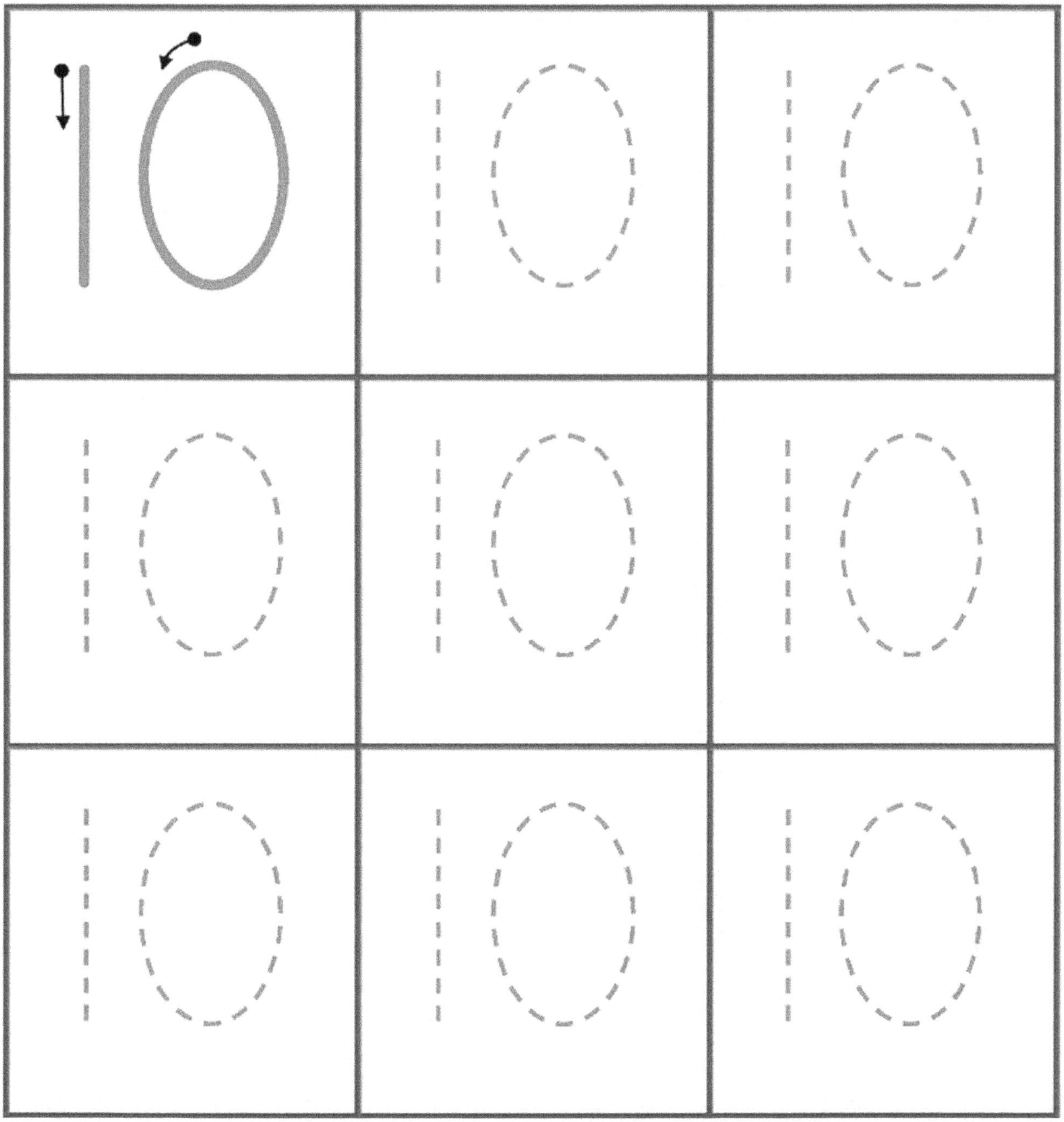

10 DIX

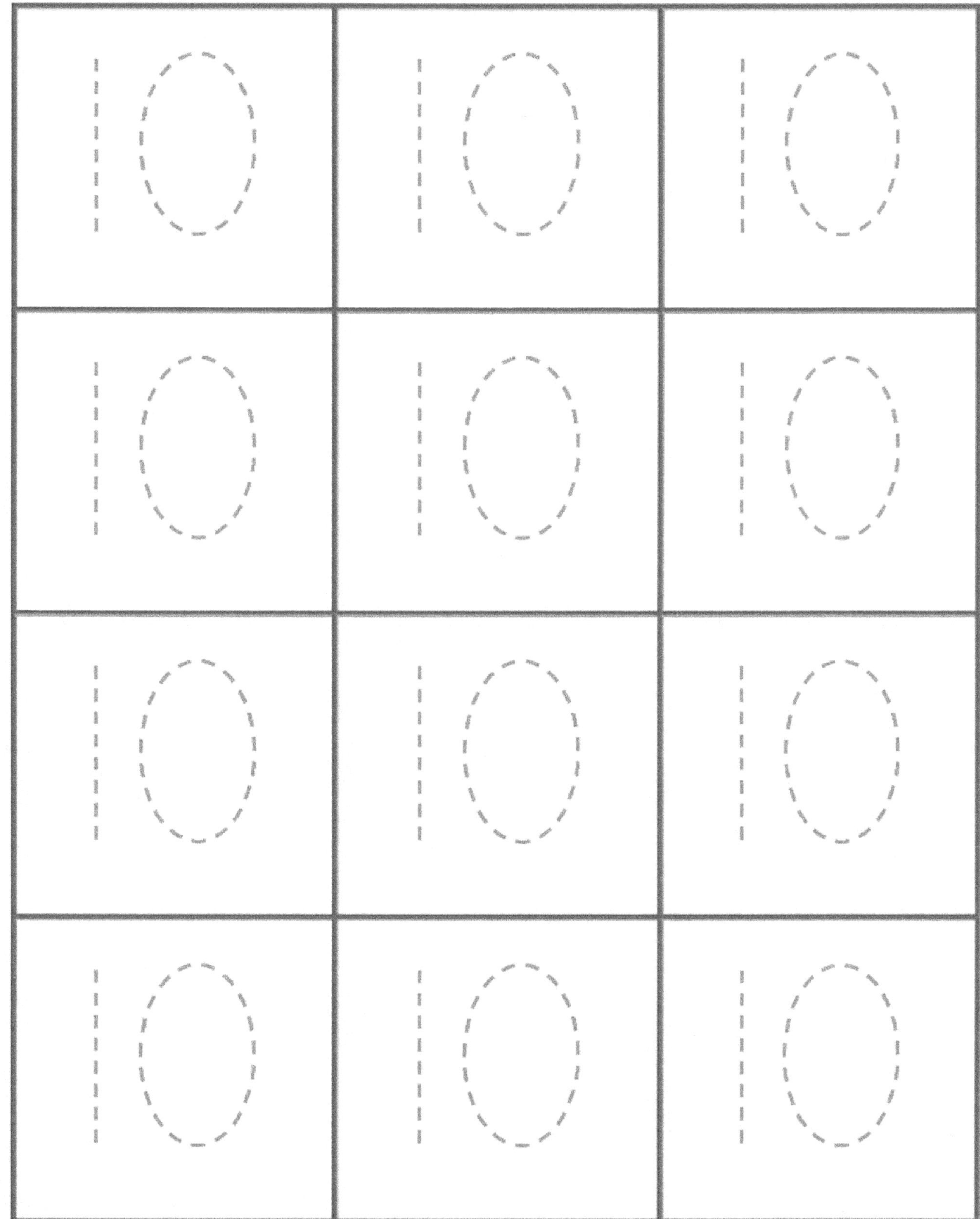